Come Coltivare Funghi

Guida per Ottimale Coltivazione dei Funghi

A. Duller

Lisa Shardon

Copyright © 2024

Guida alla Coltivazione dei Funghi

1.Introduzione

1. Che cosa sono i funghi?

I funghi sono un gruppo estremamente diversificato di organismi che appartengono al regno dei funghi (Fungi), uno dei cinque regni degli esseri viventi, distinto da quello animale e vegetale. A differenza delle piante, i funghi non sono autotrofi, ovvero non sono in grado di produrre il proprio cibo attraverso la fotosintesi, ma sono eterotrofi, il che significa che devono ottenere il nutrimento dall'ambiente circostante. Questo li rende più simili agli animali da un punto di vista nutrizionale e metabolico.

I funghi si distinguono per la loro struttura e le loro modalità di crescita, che si sviluppano principalmente sotto forma di filamenti chiamati ife. L'insieme di ife costituisce il micelio, la parte vegetativa del fungo che si estende sotto la superficie del suolo o all'interno del substrato. La parte che vediamo a occhio nudo e comunemente chiamiamo "fungo" è in realtà il corpo fruttifero, responsabile della riproduzione sessuale e della dispersione delle spore, che sono l'equivalente dei semi per le piante.

I funghi sono presenti in una varietà straordinaria di forme, colori e dimensioni. Esistono circa 144.000 specie di funghi conosciute, anche se gli scienziati ritengono che il numero reale possa superare i 3 milioni. Tra queste specie troviamo lieviti, muffe e funghi macromiceti, come i funghi prataioli, i porcini e i funghi shiitake.

Dal punto di vista ecologico, i funghi svolgono un ruolo cruciale come decompositori: scompongono la materia organica morta, come foglie, legno e altre sostanze vegetali, e rilasciano nutrienti vitali nell'ambiente. Questo processo di decomposizione è essenziale per il ciclo dei nutrienti negli ecosistemi e aiuta a mantenere l'equilibrio ecologico.

2. Perché coltivare funghi?

Coltivare funghi può essere un'attività molto gratificante sia per uso personale sia per scopi commerciali. Ci sono diverse ragioni per cui la coltivazione di funghi è diventata sempre più popolare negli ultimi decenni, sia tra gli agricoltori che tra i consumatori attenti alla salute.

Sostenibilità ambientale:

La coltivazione dei funghi è un processo altamente sostenibile, poiché richiede meno risorse rispetto all'agricoltura tradizionale. I funghi possono essere coltivati su substrati di scarto agricoli come paglia, trucioli di legno o compost organico, trasformando rifiuti altrimenti inutili in una risorsa preziosa. Inoltre, la coltivazione dei funghi richiede meno acqua e spazio rispetto ad altre colture alimentari, rendendola una scelta ecologica per chi desidera ridurre l'impatto ambientale.

Crescita rapida e resa elevata:

Rispetto ad altre colture alimentari, i funghi crescono rapidamente. Molte varietà di funghi possono essere pronte per la raccolta in poche settimane o mesi. Questo li rende una risorsa alimentare interessante, specialmente per chi vuole ottenere risultati in tempi brevi. La resa per unità di spazio è molto alta, il che significa che anche in spazi limitati si possono produrre grandi quantità di funghi.

Fonti di reddito alternative:

La coltivazione dei funghi rappresenta un'ottima opportunità per chi desidera diversificare le proprie attività agricole o avviare una nuova impresa. Con la crescente domanda di funghi sia freschi che trasformati (ad esempio essiccati o come ingrediente per prodotti salutistici), il mercato offre numerose opportunità di vendita sia a livello locale che internazionale.

Facilità di coltivazione:

Un altro vantaggio importante è che la coltivazione dei funghi non richiede necessariamente grandi appezzamenti di terreno o attrezzature costose. È possibile iniziare con un investimento minimo e crescere gradualmente, rendendola una scelta ideale anche per gli appassionati di giardinaggio o per chi ha spazi limitati.

Salute e benessere:

Molte persone decidono di coltivare funghi per il loro valore nutrizionale e per i benefici per la salute, che esploreremo più approfonditamente nel prossimo punto.

3. Benefici nutrizionali dei funghi

I funghi sono considerati un vero e proprio "superfood" grazie al loro contenuto nutrizionale unico e ai numerosi benefici per la salute. Sebbene esistano molte varietà di funghi, la maggior parte di essi è ricca di nutrienti fondamentali, ed è per questo che sono sempre più apprezzati nelle diete sane e bilanciate. Vediamo in dettaglio i principali benefici nutrizionali offerti dai funghi:

Fonte di proteine:

I funghi contengono una quantità considerevole di proteine vegetali. Sebbene non siano comparabili in termini di contenuto proteico alla carne o ad altre fonti animali, sono una buona opzione per i vegetariani e i vegani che cercano di integrare proteine nella loro dieta. Alcune specie, come i funghi shiitake e i funghi orecchione, sono particolarmente ricchi di proteine.

Ricchi di vitamine:

I funghi sono un'ottima fonte di vitamine del gruppo B, come B2 (riboflavina), B3 (niacina) e B5 (acido pantotenico). Queste vitamine sono essenziali per il metabolismo energetico, il sistema nervoso e la salute della pelle. Inoltre, alcuni funghi sono anche una fonte naturale di vitamina D, un nutriente fondamentale per la salute delle ossa e del sistema immunitario. Questo è particolarmente importante, poiché la vitamina D è difficile da ottenere da fonti alimentari, soprattutto per chi segue una dieta vegetariana o vegana.

Minerali essenziali:

I funghi sono una fonte importante di minerali come selenio, rame, potassio e fosforo. Il selenio è un potente antiossidante che protegge le cellule dai danni ossidativi, mentre il rame è coinvolto nella produzione di energia e nella formazione del tessuto connettivo. Il potassio aiuta a regolare la pressione sanguigna e l'equilibrio dei fluidi nel corpo.

Basso contenuto calorico:

I funghi sono naturalmente a basso contenuto calorico, rendendoli un alimento ideale per chi cerca di mantenere o perdere peso senza sacrificare il valore nutrizionale. Non contengono grassi saturi e sono poveri di carboidrati, il che li rende una scelta eccellente per le persone che seguono diete ipocaloriche o a basso contenuto di carboidrati.

Alto contenuto di fibre:

I funghi contengono fibre sia solubili che insolubili, che favoriscono una digestione sana e aiutano a mantenere un sistema digestivo regolare. Le fibre solubili, in particolare, contribuiscono a ridurre i livelli di colesterolo nel sangue e a migliorare la sensibilità all'insulina, riducendo così il rischio di malattie cardiache e diabete.

Proprietà antiossidanti e immunostimolanti:

I funghi sono ricchi di antiossidanti naturali come il glutatione e l'ergotioneina, che aiutano a proteggere il corpo dai radicali liberi e dai danni ossidativi. Molte varietà di funghi, come i funghi reishi e i funghi maitake, sono conosciute per le loro proprietà immunostimolanti e sono utilizzate nella medicina tradizionale per rafforzare il sistema immunitario e combattere infezioni e malattie.

Capitolo 1: Fondamenti della Micologia

1. Anatomia del fungo

Per comprendere appieno la struttura e il funzionamento dei funghi, è importante esaminare la loro anatomia. Sebbene la diversità tra le specie sia notevole, i funghi macromiceti (quelli dotati di corpi fruttiferi visibili) condividono alcune caratteristiche comuni. La parte principale del fungo è il **micelio**, costituito da un insieme di filamenti sottili chiamati **ife**, che si estendono nel substrato in cui il fungo cresce.

Micelio:

Il micelio rappresenta la parte vegetativa del fungo ed è responsabile dell'assorbimento dei nutrienti. Si espande sotto la superficie del suolo o del materiale in decomposizione, producendo le ife che rilasciano enzimi per scomporre la materia organica circostante. Questo processo di decomposizione è fondamentale per il ciclo dei nutrienti negli ecosistemi.

Corpo fruttifero:

Il corpo fruttifero, comunemente chiamato "fungo", è la struttura riproduttiva del fungo. È formato da un insieme di tessuti specializzati che sostengono e proteggono le spore, i minuscoli semi attraverso cui il fungo si riproduce. Il corpo fruttifero ha una varietà di forme, colori e dimensioni a seconda della specie, ma nei funghi a forma di ombrello si possono distinguere diverse parti:

- **Cappello**: la parte superiore del fungo, che può variare in forma da convessa a piatta e in consistenza da liscia a rugosa. Il cappello protegge le spore e può presentare squame, spine o altre strutture.

- **Lamelle o tubuli**: sotto il cappello si trovano le lamelle (o, in alcune specie, tubuli o pori), che contengono le spore. Le lamelle possono essere fitte o distanziate, e la loro disposizione varia tra le diverse specie.

- **Gambo**: il gambo è la struttura che sostiene il cappello. In alcune specie, il gambo è centrale, mentre in altre può essere laterale o assente.

Capitolo 2: Preparazione e Pianificazione

La coltivazione dei funghi è un processo che richiede pianificazione accurata e attenzione ai dettagli. Prima di intraprendere questo percorso, è importante comprendere le diverse varietà di funghi che possono essere coltivate, i materiali e le attrezzature necessarie, la scelta dello spazio di coltivazione (interno o esterno), e le condizioni climatiche più favorevoli per ciascuna specie.

1. Scelta della varietà di fungo

Esistono molte varietà di funghi commestibili che possono essere coltivate con successo. La scelta della varietà da coltivare dipende da vari fattori, tra cui le condizioni climatiche, lo spazio disponibile, le preferenze personali e il mercato di destinazione (se si coltivano funghi per scopi commerciali). Ecco una panoramica delle varietà di funghi più comuni e apprezzate, ognuna delle quali ha caratteristiche specifiche in termini di coltivazione e utilizzo.

Funghi Champignon (Agaricus bisporus)

I funghi **Champignon**, conosciuti anche come "fungo bianco" o "fungo comune", sono tra i più coltivati e consumati al mondo. Sono ampiamente utilizzati in cucina grazie al loro sapore delicato e alla loro versatilità.

Caratteristiche:

- **Aspetto**: I funghi champignon hanno un cappello bianco o marrone chiaro, liscio e convesso, che si appiattisce con l'età. Le lamelle sono rosa negli esemplari giovani e diventano marroni scure man mano che maturano.

- **Ciclo di crescita**: I funghi champignon richiedono circa 2-3 mesi per svilupparsi completamente. La coltivazione può avvenire tutto l'anno, ma è importante garantire temperature stabili.

- **Condizioni di coltivazione**:

Preferiscono temperature comprese tra i 12°C e i 20°C. I funghi champignon crescono meglio in ambienti bui e umidi, quindi la coltivazione in spazi interni controllati è spesso preferita.

- **Substrato**: I funghi champignon crescono su substrati a base di compost di letame, paglia e altri materiali organici decomposti.

Vantaggi:

- Facili da coltivare e con una rapida crescita.

- Molto richiesti sul mercato.

Svantaggi:

- Richiedono un controllo rigoroso delle condizioni di temperatura e umidità.

Funghi Shiitake (Lentinula edodes)

I funghi **Shiitake** sono originari dell'Asia

orientale e sono molto apprezzati per il loro sapore intenso e terroso, nonché per i loro benefici nutrizionali e medicinali. Vengono spesso utilizzati nella cucina asiatica, ma sono apprezzati anche a livello globale.

Caratteristiche:

- **Aspetto**: Il fungo shiitake ha un cappello marrone scuro, leggermente squamoso, e può raggiungere un diametro di 5-10 cm. Le lamelle sono biancastre o marroni chiaro.

- **Ciclo di crescita**: Gli shiitake hanno un ciclo di crescita più lungo rispetto ai champignon, impiegando dai 6 ai 12 mesi a seconda delle condizioni e del metodo di coltivazione.

- **Condizioni di coltivazione**: Crescono a temperature comprese tra i 13°C e i 24°C, con un'umidità elevata. Richiedono un'ombreggiatura costante e un ambiente umido, simile a quello delle foreste.

- **Substrato**: Gli shiitake crescono naturalmente su tronchi di legno duro, come quercia o faggio. Tuttavia, possono essere coltivati anche su substrati artificiali a base di segatura o blocchi di trucioli.

Vantaggi:

- Ricchi di proprietà medicinali, come la capacità di rafforzare il sistema immunitario.

- Sapore unico e intenso, molto apprezzato in cucina.

Svantaggi:

- Ciclo di crescita più lungo rispetto ad altre varietà.

- Richiedono substrati specifici (tronchi di legno o segatura).

Funghi Pleurotus (Pleurotus ostreatus)

I **funghi Pleurotus**, comunemente noti come **funghi ostrica**, sono una delle varietà più facili da coltivare e sono molto apprezzati per la loro consistenza carnosa e il loro sapore delicato. Sono una scelta popolare sia per i coltivatori principianti che per quelli esperti.

Caratteristiche:

- **Aspetto**: I funghi ostrica hanno un cappello a forma di ventaglio, che varia dal bianco al grigio scuro, marrone o addirittura bluastro a seconda della specie. Il gambo è corto o quasi inesistente.

- **Ciclo di crescita**: I funghi pleurotus hanno un ciclo di crescita rapido, e possono essere pronti per la raccolta in 3-4 settimane.

- **Condizioni di coltivazione**: Crescono bene a temperature comprese tra i 10°C e i 25°C, ma sono piuttosto adattabili. Richiedono un'umidità elevata e una buona ventilazione.

- **Substrato**: I pleurotus possono essere coltivati su una vasta gamma di materiali, tra cui paglia, trucioli di legno, cartone e residui agricoli come gli steli di mais o i gusci di semi di girasole.

Vantaggi:

- Crescita rapida e facile da coltivare.

- Elevata adattabilità ai substrati e alle condizioni ambientali.

Svantaggi:

- Possono richiedere un controllo rigoroso della ventilazione per evitare la formazione di muffe.

Funghi Portobello (Agaricus bisporus)

I **Portobello** sono una varietà matura dei funghi champignon, che si distinguono per le loro dimensioni maggiori e il sapore più ricco e carnoso. Sono molto apprezzati in cucina per la loro versatilità, in particolare nelle preparazioni vegetariane come sostituti della carne.

Caratteristiche:

- **Aspetto**: I portobello sono grandi funghi con un cappello largo e piatto, di colore marrone scuro. Le lamelle sono completamente esposte, di colore marrone scuro o nero.

- **Ciclo di crescita**: Come i champignon, i portobello impiegano circa 2-3 mesi per svilupparsi, ma vengono raccolti in uno stadio più avanzato rispetto ai champignon bianchi o cremini.

- **Condizioni di coltivazione**: I portobello richiedono temperature simili a quelle dei champignon, con una preferenza per ambienti freschi e bui. È importante mantenere l'umidità costante.

- **Substrato**: Come per i champignon, i portobello crescono meglio su substrati a base di compost ricco di materia organica decomposta.

Vantaggi:

- Sapore intenso e carnoso, perfetto per grigliate o piatti sostitutivi della carne.

- Facili da coltivare, con requisiti simili ai

champignon.

Svantaggi:

- Ciclo di crescita relativamente lungo rispetto ad altre varietà carnose come i pleurotus.

Funghi Boletus (Porcini)

I **Boletus edulis**, comunemente conosciuti come **funghi porcini**, sono una prelibatezza molto ricercata, soprattutto in Italia e in altre parti d'Europa. Hanno un sapore intenso e terroso, che li rende ideali per piatti ricchi e saporiti.

Caratteristiche:

- **Aspetto**: I porcini hanno un cappello largo, spesso e carnoso, di colore marrone o marrone chiaro, con un gambo robusto e massiccio. Le spore sono contenute in tubuli porosi sotto il cappello.

- **Ciclo di crescita**: I porcini hanno un ciclo di crescita più lungo rispetto ad altre varietà coltivabili, poiché tendono a crescere meglio in ambienti naturali piuttosto che in coltivazione artificiale. I porcini richiedono fino a diversi mesi per maturare.

- **Condizioni di coltivazione**: Crescono meglio in ambienti forestali freschi, con temperature comprese tra i 15°C e i 20°C. Necessitano di simbiosi con alberi, il che rende difficile la loro coltivazione commerciale su larga scala.

- **Substrato**: I porcini non possono essere facilmente coltivati su substrati artificiali, poiché necessitano di una relazione simbiotica con radici di alberi come querce, castagni o pini.

Vantaggi:

- Sapore eccezionale, considerato tra i migliori tra i funghi commestibili.

Svantaggi:

- Difficili da coltivare su larga scala a causa della loro dipendenza dalla simbiosi con le piante.

2. Materiali e attrezzature necessarie

Per avviare una coltivazione di funghi, è necessario avere a disposizione una serie di materiali e attrezzature specifiche, a seconda della varietà di fungo scelto e del metodo di coltivazione. Ecco un elenco generale delle attrezzature e dei materiali più comunemente utilizzati:

- **Substrato**: Il tipo di substrato varia a seconda del fungo coltivato. Alcuni esempi includono compost a base di letame e paglia per champignon, tronchi di legno per shiitake, o paglia e trucioli per pleurotus.

- **Letti di coltivazione o contenitori**: È possibile coltivare funghi in letti di coltivazione, sacchi di plastica o contenitori appositi. Questi devono essere sterilizzati per prevenire la crescita di batteri o muffe che potrebbero competere con i funghi.

- **Micelio**: Il micelio è il materiale inoculato (semi di funghi) da cui i funghi cresceranno. Il micelio può essere acquistato presso fornitori specializzati ed è specifico per ogni tipo di fungo.

- **Sacchi per coltivazione o cassette**: Alcune specie di funghi, come i pleurotus, possono essere coltivate in sacchi di plastica riempiti di substrato. Questi sacchi permettono una crescita controllata e minimizzano il rischio di contaminazione.

- **Sistema di irrigazione**: I funghi richiedono un'umidità costante, quindi un sistema di irrigazione o nebulizzazione è fondamentale per mantenere le condizioni ottimali. In alternativa, per piccoli impianti, è possibile utilizzare spruzzatori manuali.

- **Termometro e igrometro**: Questi strumenti sono essenziali per monitorare la temperatura e l'umidità all'interno dell'ambiente di coltivazione. Il mantenimento delle giuste condizioni climatiche è cruciale per il successo della coltivazione.

- **Struttura per la ventilazione**: Una buona ventilazione è importante per prevenire l'accumulo di CO_2, che potrebbe compromettere la crescita dei funghi. La ventilazione può essere naturale (finestre) o artificiale (ventilatori o sistemi di filtraggio dell'aria).

3. Spazio di coltivazione: interno vs esterno

La scelta tra coltivare funghi in uno spazio interno o esterno dipende da diversi fattori, tra cui la varietà di fungo coltivato, le condizioni climatiche e lo spazio disponibile.

Coltivazione interna

Vantaggi:

- **Controllo climatico**: Coltivare funghi in spazi interni permette di controllare con maggiore precisione la temperatura, l'umidità e la luce, offrendo condizioni di crescita ideali per molte specie, specialmente per quelle che richiedono stabilità.

- **Protezione dagli agenti esterni**: L'ambiente controllato riduce il rischio di contaminazione da agenti esterni, come insetti, muffe o batteri.

- **Coltivazione tutto l'anno**: La possibilità di mantenere condizioni stabili permette di coltivare funghi durante tutto l'anno, indipendentemente dalle stagioni.

Svantaggi:

- **Costi iniziali**: L'installazione di un ambiente di coltivazione interno richiede investimenti in attrezzature per il controllo dell'umidità, della temperatura e della ventilazione.

- **Spazio limitato**: Lo spazio interno potrebbe limitare la quantità di funghi coltivabili, specialmente su larga scala.

Coltivazione esterna

Vantaggi:

- **Costi ridotti**: Coltivare funghi all'aperto richiede meno attrezzature e materiali, rendendolo un'opzione più economica.

- **Utilizzo di risorse naturali**: La luce solare, l'acqua piovana e il terreno possono essere sfruttati per la coltivazione esterna, riducendo la necessità di interventi artificiali.

Svantaggi:

- **Clima imprevedibile**: La coltivazione all'aperto è soggetta a variazioni climatiche, che possono influire negativamente sulla crescita dei funghi.

- **Rischio di contaminazione**: I funghi coltivati all'aperto sono più esposti a insetti, malattie e contaminazioni da muffe o batteri.

4. Considerazioni climatiche

Le condizioni climatiche sono fondamentali per la coltivazione di funghi di successo. Ogni varietà di fungo ha requisiti specifici in termini di temperatura, umidità e luce. Anche piccole variazioni nelle condizioni ambientali possono influire significativamente sulla crescita, sulla qualità e sulla resa dei funghi.

Temperatura

La temperatura ideale varia a seconda della

varietà di fungo. Ad esempio:

- I **funghi champignon** preferiscono temperature comprese tra i 12°C e i 20°C.

- I **funghi shiitake** crescono meglio in ambienti tra i 13°C e i 24°C.

- I **funghi pleurotus** sono più adattabili e possono crescere a temperature tra i 10°C e i 25°C.

È importante mantenere la temperatura costante durante il ciclo di crescita per evitare stress ai funghi.

Umidità

L'umidità elevata è fondamentale per la crescita dei funghi. In genere, l'umidità relativa dell'ambiente di coltivazione deve essere mantenuta tra il 70% e il 90%. Se l'umidità scende al di sotto di questi livelli, i funghi possono seccarsi e morire.

Luce

Sebbene i funghi non abbiano bisogno di luce solare diretta per la fotosintesi, alcuni richiedono una quantità minima di luce per la crescita del corpo fruttifero. Ad esempio, i **funghi ostrica** richiedono luce indiretta per svilupparsi correttamente. Tuttavia, altre specie, come i **funghi champignon**, crescono meglio in ambienti bui.

Con una corretta preparazione e pianificazione, la coltivazione dei funghi può essere un'attività altamente produttiva e gratificante, sia a livello domestico che commerciale.

Capitolo 3: Coltivazione dei Funghi

La coltivazione dei funghi è una pratica che ha guadagnato popolarità negli ultimi anni, non solo per l'interesse economico, ma anche per il suo potenziale sostenibile. I funghi possono essere coltivati utilizzando risorse agricole di scarto e in ambienti controllati, offrendo un prodotto ricco di nutrienti senza impattare negativamente sull'ambiente. In questo capitolo approfondiremo le tecniche di coltivazione dei funghi, con particolare attenzione ai substrati di coltivazione, alla loro preparazione, ai processi di inoculazione e colonizzazione, e infine al monitoraggio della crescita dei funghi.

1. Substrati di coltivazione

Il substrato è l'elemento principale su cui si sviluppano i funghi, poiché fornisce i nutrienti necessari per la crescita del micelio e la formazione del corpo fruttifero. La scelta del substrato dipende dalla specie di fungo che si intende coltivare, in quanto ogni varietà ha esigenze nutrizionali diverse. Alcuni dei substrati più comuni includono compost, paglia, trucioli di legno e segatura.

Composto

Il composto è uno dei substrati più utilizzati, soprattutto per la coltivazione dei funghi champignon (Agaricus bisporus). Il composto viene preparato attraverso la decomposizione controllata di materiali organici come paglia, letame di cavallo o pollame, gesso e altre sostanze nutritive.

Caratteristiche del composto:

- **Nutrienti**: Il composto è ricco di azoto e carbonio, fondamentali per la crescita del micelio. Il processo di decomposizione libera sostanze nutritive che vengono assorbite facilmente dai funghi.

- **Processo di preparazione**: La preparazione del composto richiede una fase iniziale di fermentazione, durante la quale la materia organica viene decomposta da batteri termofili che generano calore e abbattono gli elementi tossici.

- **Adatto per**: Principalmente utilizzato per la coltivazione di champignon, ma può essere adatto anche per altre specie che necessitano di substrati ricchi di materia organica.

Vantaggi:

- Il composto ben preparato è un substrato stabile che fornisce una quantità costante di nutrienti per il ciclo di crescita del fungo.

- Offre buone condizioni per la colonizzazione del micelio e la produzione dei corpi fruttiferi.

Svantaggi:

- La preparazione del composto richiede tempo e può essere complessa per i principianti.

- È necessario un ambiente controllato per la corretta fermentazione e pastorizzazione del composto.

Paglia

La paglia è un substrato molto comune per la coltivazione dei funghi ostrica (Pleurotus ostreatus) e di altre varietà come i funghi shiitake e i funghi maitake. Viene utilizzata soprattutto perché facilmente reperibile, economica e in grado di fornire una buona struttura per la crescita del micelio.

Caratteristiche della paglia:

- **Struttura**: La paglia fornisce un buon supporto fisico per la crescita del micelio, poiché è leggera e porosa, permettendo un buon flusso d'aria attraverso il substrato.

- **Processo di preparazione**: La paglia deve essere trattata termicamente (tramite pastorizzazione o sterilizzazione) per eliminare eventuali organismi patogeni o spore concorrenti che potrebbero inibire la crescita dei funghi.

- **Adatta per**: Funghi ostrica, shiitake e altre specie che crescono su materiali vegetali fibrosi.

Vantaggi:

- La paglia è facilmente reperibile e poco costosa, il che la rende un substrato economico per la coltivazione di funghi.

- Offre una buona base per la colonizzazione rapida del micelio.

Svantaggi:

- È necessario trattare la paglia per ridurre il rischio di contaminazione.

- La struttura fibrosa della paglia può rendere difficile il mantenimento dell'umidità ottimale per la crescita dei funghi.

Trucioli di legno

I trucioli di legno sono un substrato

particolarmente indicato per la coltivazione di funghi che si sviluppano su materiali legnosi, come i funghi shiitake (Lentinula edodes) e i funghi maitake (Grifola frondosa). I funghi che crescono su legno tendono ad avere cicli di crescita più lunghi, ma producono corpi fruttiferi più grandi e nutrienti.

Caratteristiche dei trucioli di legno:

- **Nutrienti**: I trucioli di legno forniscono una fonte di cellulosa e lignina, che i funghi lignivori possono decomporre grazie a specifici enzimi. Il legno duro, come quercia e faggio, è il più adatto per questi tipi di funghi.

- **Processo di preparazione**: I trucioli di legno devono essere sterilizzati o pastorizzati per ridurre la concorrenza microbica. Questo passaggio è fondamentale per garantire che il micelio colonizzi il substrato senza interferenze.

- **Adatti per**: Funghi shiitake, maitake, reishi (Ganoderma lucidum) e altre varietà che crescono naturalmente su tronchi o alberi.

Vantaggi:

- I trucioli di legno sono un substrato duraturo e forniscono una fonte costante di nutrienti per un lungo periodo di coltivazione.

- Favoriscono la crescita di funghi di alta qualità, ricchi di sapore e di proprietà medicinali.

Svantaggi:

- I trucioli di legno possono essere più costosi e difficili da reperire rispetto ad altri substrati.

- La colonizzazione del micelio può richiedere più tempo, prolungando il ciclo di coltivazione.

Segatura

La segatura è simile ai trucioli di legno, ma è composta da particelle di legno più fini. Questo substrato viene comunemente utilizzato per la coltivazione di funghi shiitake, reishi e altre varietà lignivore. La segatura può essere mescolata con altri materiali per migliorare la sua capacità di trattenere l'umidità e i nutrienti.

Caratteristiche della segatura:

- **Struttura**: Poiché la segatura è composta da particelle più fini, permette una colonizzazione più rapida del micelio rispetto ai trucioli di legno. Tuttavia, potrebbe richiedere l'aggiunta di altri materiali per migliorare la sua capacità di drenaggio e ventilazione.

- **Processo di preparazione**: Anche la segatura deve essere sterilizzata o pastorizzata prima dell'uso per prevenire contaminazioni da funghi concorrenti o batteri.

- **Adatta per**: Funghi shiitake, reishi e altre specie che crescono su substrati legnosi.

Vantaggi:

- La segatura è un substrato economico e facilmente reperibile, soprattutto nelle aree in cui l'industria del legno è sviluppata.

- Permette una colonizzazione rapida e uniforme del micelio.

Svantaggi:

- La segatura fine può trattenere troppa umidità, aumentando il rischio di muffe e marciume se non viene gestita correttamente.

- Richiede una buona ventilazione per prevenire l'accumulo di anidride carbonica.

---

2. Preparazione del substrato

La preparazione del substrato è uno dei passaggi fondamentali per garantire una buona coltivazione dei funghi. Un substrato adeguatamente preparato favorisce la colonizzazione del micelio e riduce il rischio di contaminazione da organismi concorrenti.

1. Pastorizzazione

La pastorizzazione è il processo di riscaldamento del substrato a una temperatura sufficientemente alta da uccidere patogeni e organismi nocivi, ma non così alta da distruggere i nutrienti essenziali per la crescita dei funghi. Per la paglia, ad esempio, la pastorizzazione avviene tipicamente riscaldando il materiale a circa 60-70°C per un periodo di tempo che può variare da 30 minuti a un'ora.

Vantaggi della pastorizzazione:

- Riduce i rischi di contaminazione da batteri e muffe.

- Mantiene intatti i nutrienti essenziali del substrato.

2. Sterilizzazione

La sterilizzazione è un processo più rigoroso

rispetto alla pastorizzazione, in quanto comporta il riscaldamento del substrato a temperature molto elevate (121°C) per uccidere tutti i microrganismi presenti, inclusi spore e batteri termofili. Questo processo viene solitamente effettuato utilizzando autoclavi o pentole a pressione.

Vantaggi della sterilizzazione:

- Elimina praticamente tutte le forme di contaminazione, riducendo il rischio di competizione tra il micelio e altri organismi.

Svantaggi:

- Richiede attrezzature specializzate, come un'autoclave o una pentola a pressione.

-

È un processo più lungo e può risultare dispendioso in termini energetici.

3. Idratazione del substrato

Prima dell'inoculazione, il substrato deve essere adeguatamente idratato. Il livello di umidità deve essere ottimale per favorire la crescita del micelio. La regola generale è che il substrato deve essere umido al tatto ma non eccessivamente bagnato. Se il substrato è troppo secco, il micelio non riuscirà a colonizzarlo efficacemente. Se è troppo bagnato, c'è il rischio di marciume o di crescita di batteri indesiderati.

3. Inoculazione e colonizzazione

L'inoculazione è il processo di introduzione del micelio nel substrato, dando così il via alla crescita dei funghi. Dopo l'inoculazione, il micelio inizierà a colonizzare il substrato, nutrendosi dei nutrienti disponibili e occupando tutto lo spazio disponibile.

Tecniche di inoculazione

Ci sono diverse tecniche per inoculare il micelio nel substrato, e la scelta dipenderà dal tipo di fungo coltivato e dal substrato utilizzato.

1. Inoculazione in sacchi:

Questo metodo prevede l'inserimento del substrato pastorizzato o sterilizzato in sacchi di plastica trasparenti. Il micelio viene poi distribuito uniformemente all'interno del sacco e il sacco viene chiuso per favorire la colonizzazione. I sacchi permettono di controllare meglio l'umidità e la temperatura, riducendo al minimo il rischio di contaminazione.

2. Inoculazione su tronchi:

Per funghi come lo shiitake, il micelio viene inoculato in fori praticati su tronchi di legno. Questi fori vengono poi sigillati con cera per proteggere il micelio e favorire la colonizzazione.

3. Inoculazione a spruzzo:

Alcuni coltivatori utilizzano micelio liquido, che viene spruzzato sul substrato con un atomizzatore o uno spruzzatore manuale. Questo metodo permette una distribuzione uniforme del micelio e può essere utilizzato per coltivazioni in substrati sciolti, come la paglia o la segatura.

Controllo dell'umidità e della temperatura

Dopo l'inoculazione, è essenziale mantenere le condizioni ottimali per la colonizzazione del micelio. Questo significa assicurarsi che il substrato rimanga umido e che la temperatura sia costante e adeguata alla varietà di fungo coltivato. Il micelio richiede anche una buona ventilazione per evitare l'accumulo di CO_2.

4. Monitoraggio della crescita

Il monitoraggio della crescita del micelio e dei corpi fruttiferi è una fase cruciale per garantire il successo della coltivazione. Durante la fase di colonizzazione, è importante verificare regolarmente l'umidità, la temperatura e l'eventuale presenza di contaminazioni.

Fasi di crescita

1. **Colonizzazione**: Durante questa fase, il micelio si espande attraverso il substrato, assorbendo i nutrienti e sviluppandosi. La colonizzazione può durare da poche settimane a diversi mesi, a seconda della specie e delle condizioni ambientali.

2. **Formazione dei primordi**: Una volta che il substrato è completamente colonizzato, iniziano a formarsi i primordi, piccoli noduli bianchi che diventeranno i corpi fruttiferi.

3. **Crescita dei corpi fruttiferi**: In questa fase, i funghi iniziano a svilupparsi pienamente, crescendo fino a raggiungere la loro forma definitiva. Durante questa fase, è fondamentale mantenere livelli di umidità e temperatura ottimali per promuovere una crescita sana.

Contaminazioni

La contaminazione può rappresentare un grosso problema per la coltivazione dei funghi, poiché funghi, batteri o muffe indesiderati possono competere con il micelio coltivato e ridurre significativamente la resa. Le contaminazioni più comuni includono muffe verdi (Trichoderma) e batteri che producono cattivi odori.

Per ridurre il rischio di contaminazione, è importante:

- Sterilizzare o pastorizzare correttamente il

substrato.

- Lavorare in ambienti puliti e disinfettati.

- Monitorare attentamente l'umidità, evitando di creare condizioni troppo umide che favoriscano la crescita di muffe.

La coltivazione dei funghi richiede una serie di passaggi tecnici e l'attenzione a vari fattori ambientali per garantire un raccolto abbondante e sano. La scelta del substrato, la preparazione accurata e il monitoraggio costante della crescita sono elementi essenziali per un successo duraturo.

Capitolo 4: Raccolta e Conservazione

La raccolta e la conservazione dei funghi rappresentano fasi cruciali nel ciclo di coltivazione, poiché influenzano direttamente la qualità finale del prodotto e la sua durata. Una corretta gestione di queste fasi garantisce non solo un miglior sapore e una maggiore freschezza, ma anche la conservazione a lungo termine dei funghi, che possono essere utilizzati in molteplici preparazioni culinarie. In questo capitolo verranno approfondite le tempistiche ottimali per la raccolta, le tecniche adeguate da adottare per evitare danni ai funghi e i metodi più efficaci per la loro conservazione, tra cui essiccazione, congelamento e la preparazione di conserve sott'olio.

1. Quando raccogliere i funghi

La tempistica della raccolta è essenziale per ottenere funghi di alta qualità. I funghi crescono rapidamente e il loro valore nutritivo e organolettico può variare sensibilmente a seconda del momento in cui vengono raccolti. Esistono vari indicatori che possono aiutare a determinare il momento ideale per la raccolta, che variano in base alla specie di fungo coltivato.

Funghi Champignon (Agaricus bisporus)

I funghi champignon possono essere raccolti quando il cappello è ancora chiuso o leggermente aperto. In questa fase, il fungo presenta un sapore delicato e una consistenza soda. Se si attende troppo a lungo, il cappello si aprirà completamente, rivelando le lamelle scure sottostanti. In questo stadio, il fungo tende a perdere parte della sua freschezza e può risultare più fibroso.

Segnale di raccolta: Quando il cappello inizia a schiudersi, ma le lamelle non sono ancora completamente esposte.

Funghi Shitake (Lentinula edodes)

I funghi shitake devono essere raccolti quando il cappello è completamente espanso ma non ancora piatto. Se raccolti troppo tardi, il sapore può risultare più amaro e la consistenza meno gradevole. È essenziale monitorare la crescita dei funghi da vicino, poiché crescono rapidamente una volta raggiunta la maturazione.

Segnale di raccolta: Quando il cappello è completamente espanso, ma i bordi sono ancora leggermente rivolti verso il basso.

Funghi Pleurotus (Pleurotus ostreatus)

I funghi pleurotus, o funghi ostrica, sono pronti per essere raccolti quando i cappelli raggiungono una dimensione compresa tra i 5 e i 10 centimetri. Se raccolti troppo tardi, i funghi possono diventare duri e fibrosi, perdendo parte del loro sapore delicato. Inoltre, è importante raccogliere i funghi pleurotus prima che inizino a produrre spore, poiché questo potrebbe influenzare la qualità complessiva del raccolto.

Segnale di raccolta: Quando i cappelli sono ancora convessi e di dimensioni medio-piccole, ma prima che diventino completamente piatti.

Funghi Porcini (Boletus edulis)

I funghi porcini sono considerati una delle varietà più pregiate e devono essere raccolti al momento giusto per garantirne la massima qualità. Il momento ideale per la raccolta è quando il cappello è ancora giovane e convesso, con la parte inferiore del cappello (imenoforo) che presenta una colorazione bianca o giallognola. Se il colore diventa verde, il fungo è troppo maturo e può risultare spugnoso e meno saporito.

Segnale di raccolta: Quando il cappello è ancora convesso e la parte inferiore ha una colorazione chiara.

2. Tecniche di raccolta

Le tecniche di raccolta variano a seconda del tipo di fungo coltivato e delle condizioni ambientali. Raccogliere i funghi con cura è essenziale per non danneggiare né il fungo stesso né il micelio sottostante, garantendo così una produzione continua e rigogliosa.

Tecnica manuale

La raccolta manuale è il metodo più tradizionale e diffuso. È particolarmente indicata per funghi delicati, come gli champignon e i pleurotus. Il fungo viene afferrato delicatamente alla base del gambo e ruotato leggermente per staccarlo dal substrato. È importante evitare di tirare il fungo verso l'alto con forza, poiché questo potrebbe danneggiare il micelio e compromettere la futura produzione.

Vantaggi:

- Riduce al minimo il rischio di danneggiare il micelio.

- Permette di selezionare con cura solo i funghi maturi.

Svantaggi:

- La raccolta manuale può essere lenta, specialmente su larga scala.

Raccolta con coltello

L'uso di un coltello affilato è una tecnica comune per funghi di dimensioni maggiori o con gambi robusti, come i funghi shitake e porcini. Il fungo viene tagliato alla base del gambo, lasciando intatto il micelio nel substrato. Questa tecnica riduce il rischio di contaminazioni, poiché si evita di disturbare il micelio.

Vantaggi:

- Tecnica rapida e precisa, adatta a funghi più grandi.

- Minimizza il rischio di danneggiare il substrato.

Svantaggi:

- Richiede attenzione per evitare di tagliare troppo in profondità e rovinare il micelio.

Tecnica della rotazione

Questa tecnica prevede di afferrare delicatamente il fungo alla base e ruotarlo di 90°-180° fino a quando non si stacca naturalmente dal substrato. Viene spesso utilizzata per funghi come gli champignon, che crescono in substrati sciolti come compost o letame. Il movimento di rotazione riduce il rischio di strappi o lacerazioni del micelio.

Vantaggi:

- Riduce i danni al substrato.

- Favorisce la crescita di nuovi funghi nella stessa area.

Svantaggi:

- Non sempre adatta a funghi con gambi molto

robusti.

3. Metodi di conservazione

Dopo la raccolta, i funghi iniziano rapidamente a perdere umidità e freschezza, rendendo la conservazione una fase cruciale per garantirne la qualità e la durata. Esistono diversi metodi per conservare i funghi, ciascuno con vantaggi specifici a seconda delle esigenze e della varietà di fungo coltivato. I metodi di conservazione più diffusi includono l'essiccazione, il congelamento e la preparazione di conserve, come sott'olio o sott'aceto.

Essiccazione

L'essiccazione è uno dei metodi più antichi e popolari per la conservazione dei funghi.

Questo processo elimina l'umidità dai funghi, impedendo la crescita di muffe e batteri, e ne prolunga la durata di conservazione fino a diversi mesi o addirittura anni. I funghi essiccati possono essere facilmente reidratati in acqua prima dell'uso o utilizzati in polvere per arricchire salse e zuppe.

Metodi di essiccazione

- **Essiccazione al sole**: Ideale per regioni con un clima secco e soleggiato. I funghi vengono disposti su griglie o telai all'aperto in un luogo ventilato, evitando l'esposizione diretta alla luce solare per prevenire la perdita di sapore e nutrienti.

- **Essiccatore elettrico**: Un metodo più controllato e veloce rispetto all'essiccazione al sole. I funghi vengono disposti su vassoi all'interno di un essiccatore elettrico, dove la temperatura e il flusso d'aria vengono regolati per una disidratazione uniforme.

- **Forno**: In assenza di un essiccatore, i

funghi possono essere essiccati in forno a bassa temperatura (circa 50°C) per diverse ore, lasciando leggermente aperta la porta del forno per permettere la fuoriuscita dell'umidità.

Vantaggi:

- Conservazione a lungo termine.

- I funghi essiccati mantengono gran parte del loro sapore e delle loro proprietà nutritive.

Svantaggi:

- Il processo di essiccazione può richiedere diverse ore o giorni.

- Alcuni funghi, come i pleurotus, possono perdere parte della loro consistenza originale dopo l'essiccazione.

Congelamento

Il congelamento è un altro metodo comune per

la conservazione dei funghi, in quanto consente di preservare al meglio il sapore e la consistenza senza compromettere le proprietà nutritive. Tuttavia, non tutti i funghi si prestano bene al congelamento a crudo, poiché tendono a perdere consistenza e sapore una volta scongelati. Per ottenere risultati ottimali, molti funghi devono essere precotti prima del congelamento.

Tecniche di congelamento

- **Congelamento a crudo**: Alcune varietà di funghi, come gli champignon, possono essere congelate a crudo. Dopo averli puliti, i funghi devono essere tagliati in fette sottili e disposti su vassoi in un singolo strato, per poi essere trasferiti in sacchetti da congelatore una volta induriti.

- **Sbollentamento**: Alcuni funghi, come i porcini e i pleurotus, devono essere sbollentati in acqua per pochi minuti prima del congelamento. Questo processo riduce l'attività enzimatica che potrebbe compromettere il sapore e la consistenza durante il congelamento.

- **Congelamento dopo cottura**: I funghi possono anche essere cotti (saltati o grigliati) prima di essere congelati, il che permette di risparmiare tempo in fase di preparazione dei piatti.

Vantaggi:

- Metodo rapido e semplice.

- Preserva il sapore e la consistenza dei funghi.

Svantaggi:

- Alcune varietà possono risultare molli o acquose dopo il congelamento.

- I funghi devono essere utilizzati entro 6-12 mesi.

Conserve e sottoli

Le conserve, in particolare i funghi sott'olio o sott'aceto, sono un metodo tradizionale di conservazione che conferisce ai funghi un sapore unico e permette di conservarli per lunghi periodi senza dover ricorrere alla refrigerazione. Questo metodo è particolarmente apprezzato per varietà come i porcini, che si prestano bene a essere conservati con erbe aromatiche e spezie.

Tecnica di conservazione sott'olio

- I funghi devono essere prima sbollentati in acqua con aceto per prevenire la crescita di batteri.

- Dopo la sbollentatura, i funghi vengono disposti in vasetti sterilizzati con spezie (come aglio, peperoncino, alloro) e coperti completamente con olio d'oliva.

Vantaggi:

- I funghi sott'olio sono pronti all'uso e hanno un sapore ricco e intenso.

- L'olio agisce come conservante naturale.

Svantaggi:

- Le conserve devono essere preparate con attenzione per evitare il rischio di contaminazione, come il botulismo.

- La consistenza dei funghi può diventare più morbida.

La raccolta e la conservazione dei funghi sono fasi essenziali per garantire un prodotto di alta qualità e prolungare la durata di conservazione. Scegliere il momento giusto per la raccolta, adottare le tecniche corrette e utilizzare metodi di conservazione adeguati sono passaggi chiave per ottenere funghi gustosi e nutrienti.

Capitolo 5: Problemi Comuni nella Coltivazione di Funghi

La coltivazione dei funghi, pur essendo un'attività gratificante, può presentare numerose sfide. Anche i coltivatori più esperti possono trovarsi di fronte a problemi comuni come malattie, parassiti e contaminazioni che possono compromettere la resa e la qualità del raccolto. Riconoscere tempestivamente i segnali di problemi e adottare le misure preventive e correttive necessarie è essenziale per garantire una coltivazione di successo. Questo capitolo esplorerà le malattie più comuni, le contaminazioni, i parassiti che affliggono le coltivazioni di funghi e le soluzioni per contrastare queste minacce.

1. Malattie e Parassiti

La coltivazione dei funghi può essere compromessa da diverse malattie e parassiti, alcuni dei quali possono diffondersi rapidamente in ambienti umidi e caldi, condizioni ottimali per la crescita fungina. Le infezioni fungine, batteriche o virali possono ridurre drasticamente la resa e la qualità dei funghi.

Malattie Fungine

Le malattie fungine sono tra i problemi più comuni nelle coltivazioni di funghi. Spesso si manifestano come muffe o marciumi che si sviluppano sul micelio o sui corpi fruttiferi.

Trichoderma

Il **Trichoderma** è un fungo verde molto comune che può infettare le coltivazioni di funghi e competere con il micelio coltivato per i nutrienti. Si manifesta sotto forma di muffa verde, che cresce rapidamente sul substrato e sul micelio, bloccando la formazione dei corpi fruttiferi e distruggendo l'intera coltura.

Sintomi: Presenza di una muffa verde

brillante sul substrato o sul micelio. Crescita stentata dei funghi o mancata produzione di corpi fruttiferi.

Prevenzione:

- Mantenere un ambiente pulito e sterile durante tutte le fasi della coltivazione.

- Sterilizzare o pastorizzare adeguatamente il substrato prima dell'uso.

- Evitare di introdurre materiale infetto nella zona di coltivazione.

Verticillium

Il **Verticillium fungicola** è un'altra malattia fungina che attacca i funghi, causando una deformazione dei corpi fruttiferi e portando a una riduzione della resa. Il fungo causa l'apparizione di macchie scure o deformità sui cappelli e può colpire diverse varietà di funghi, come gli champignon.

Sintomi: Deformazione dei cappelli dei

funghi, presenza di macchie scure o brunastre. Crescita irregolare dei corpi fruttiferi.

Prevenzione:

- Disinfezione accurata dell'ambiente di coltivazione.

- Evitare il ristagno d'acqua e il mantenimento di un'adeguata ventilazione.

- Rimozione e distruzione immediata dei funghi infetti.

Muffa gialla

La **muffa gialla** (Lecanicillium fungicola) è una malattia meno comune ma molto distruttiva nelle coltivazioni di funghi. Appare sotto forma di una patina giallognola che può ricoprire intere superfici del substrato o del micelio. Questa malattia è particolarmente difficile da debellare una volta stabilitasi.

Sintomi: Comparsa di macchie o patine giallastre sul substrato e sul micelio.

Riduzione significativa della crescita.

Prevenzione:

- Mantenere l'ambiente di coltivazione pulito e asciutto.

- Sterilizzare completamente tutti gli strumenti e il substrato.

- Isolare e rimuovere tempestivamente eventuali aree infette.

Malattie Batteriche

Le infezioni batteriche rappresentano un'altra minaccia per le coltivazioni di funghi. I batteri prosperano in ambienti umidi e possono diffondersi rapidamente se non vengono controllati.

Macchia Batterica

La **macchia batterica** (Pseudomonas tolaasii) è una malattia batterica che colpisce principalmente i funghi champignon, causando la comparsa di macchie marroni o nere sui cappelli dei funghi. Questa malattia può ridurre significativamente la qualità del raccolto, poiché i funghi infetti appaiono macchiati e inadatti alla vendita.

Sintomi: Comparsa di macchie scure o marroni sui cappelli dei funghi. Gli esemplari colpiti possono presentare un cattivo odore.

Prevenzione:

- Mantenere condizioni igieniche rigorose.

- Evitare il ristagno d'acqua e l'eccesso di umidità nell'ambiente di coltivazione.

- Evitare di bagnare direttamente i corpi fruttiferi con acqua contaminata.

Marciume batterico

Il **marciume batterico** (Burkholderia gladioli pv. agaricicola) è una malattia che colpisce il micelio e i corpi fruttiferi, causando il loro degrado. I funghi infetti iniziano a decomporsi rapidamente, perdono consistenza e sviluppano un cattivo odore. La malattia si diffonde rapidamente in condizioni di umidità e calore elevato.

Sintomi: Decomposizione rapida dei corpi fruttiferi, cattivo odore, consistenza viscosa dei funghi.

Prevenzione:

- Ridurre l'umidità nell'ambiente di coltivazione.

- Garantire un'adeguata ventilazione e una corretta gestione dell'acqua.

- Rimuovere tempestivamente i funghi infetti e distruggerli per evitare la diffusione della malattia.

Parassiti

Oltre alle malattie, i funghi possono essere attaccati da parassiti, che si nutrono del micelio o dei corpi fruttiferi, riducendo la qualità del raccolto.

Moscerini dei funghi

I **moscerini dei funghi** (sciaridi) sono piccoli insetti che depongono le loro uova nel substrato. Le larve, una volta schiuse, si nutrono del micelio e dei funghi stessi, danneggiandoli gravemente e compromettendo la resa.

Sintomi: Presenza di piccoli insetti volanti nell'area di coltivazione, riduzione della crescita del micelio e danneggiamento dei corpi fruttiferi.

Prevenzione:

- Utilizzare trappole per insetti volanti.

- Mantenere il substrato pulito e asciutto per prevenire la deposizione delle uova.

- Sterilizzare il substrato per eliminare eventuali uova o larve presenti.

Acari

Gli **acari** sono un altro parassita comune che può infestare le coltivazioni di funghi. Si nutrono del micelio e possono anche diffondere malattie fungine secondarie. Gli acari si riproducono rapidamente in ambienti umidi e possono essere difficili da controllare se l'infestazione non viene rilevata tempestivamente.

Sintomi: Riduzione della crescita del micelio, comparsa di piccole macchie o aree danneggiate sui funghi.

Prevenzione:

- Mantenere condizioni di coltivazione asciutte e pulite.

- Utilizzare predatori naturali degli acari o insetticidi specifici per combattere le infestazioni.

2. Contaminazione

La contaminazione rappresenta una delle principali sfide per chi coltiva funghi. Le contaminazioni possono provenire da diverse fonti, tra cui altri funghi, batteri, muffe e lieviti, che competono con il micelio per i nutrienti o possono causare danni diretti. In molti casi, la contaminazione può essere prevenuta adottando misure igieniche rigorose e monitorando attentamente l'ambiente di coltivazione.

Fonti di contaminazione

Le principali fonti di contaminazione includono:

- **Aria non sterile**: L'aria può trasportare spore di muffe e batteri che possono contaminare il substrato o il micelio durante il processo di coltivazione.

- **Substrato contaminato**: Se il substrato

non è adeguatamente sterilizzato o pastorizzato prima dell'inoculazione del micelio, può contenere spore di muffe o batteri.

- **Attrezzature non pulite**: Gli strumenti e i contenitori utilizzati durante il processo di coltivazione devono essere sterilizzati per evitare la diffusione di agenti patogeni.

- **Ambiente di coltivazione contaminato**: L'area in cui si coltivano i funghi deve essere pulita e disinfettata regolarmente per prevenire la diffusione di spore o batteri.

Tipi di contaminazione

- **Muffe verdi (Trichoderma)**: Questa è una delle contaminazioni più comuni e distruttive. Le muffe verdi competono direttamente con il micelio per i nutrienti e possono infettare rapidamente l'intero substrato.

- **Muffe nere (Aspergillus)**

: Le muffe nere sono meno comuni, ma possono essere pericolose, soprattutto in ambienti con scarsa ventilazione. Esse rilasciano spore tossiche che possono causare problemi respiratori agli operatori.

- **Lieviti**: I lieviti possono crescere in condizioni di eccessiva umidità e competere con il micelio per lo zucchero e altri nutrienti nel substrato.

3. Soluzioni e Prevenzione

Prevenire e risolvere i problemi legati alle malattie, ai parassiti e alle contaminazioni nella coltivazione dei funghi richiede attenzione e una gestione accurata dell'intero processo produttivo. Ecco alcune misure efficaci per affrontare queste problematiche.

Prevenzione

- **Igiene rigorosa**: La prevenzione delle contaminazioni e delle malattie inizia con l'igiene. È importante sterilizzare tutte le attrezzature, pastorizzare o sterilizzare il substrato, e mantenere pulito l'ambiente di coltivazione.

- **Ambiente controllato**: L'umidità e la temperatura devono essere mantenute entro i limiti ottimali per la coltivazione del fungo scelto. Un'eccessiva umidità o una ventilazione inadeguata possono creare le condizioni ideali per la crescita di muffe e batteri.

- **Controllo dell'aria**: L'uso di filtri HEPA o sistemi di purificazione dell'aria può ridurre la presenza di spore di muffe o batteri nell'aria, specialmente nelle fasi iniziali della coltivazione.

- **Ispezione regolare**: Controllare regolarmente il micelio e i corpi fruttiferi per segni di malattia o infestazione è fondamentale per individuare i problemi in una fase precoce e adottare le misure correttive necessarie.

Soluzioni

- **Isolamento e rimozione**: Se si riscontrano funghi infetti o substrati contaminati, è fondamentale rimuoverli e isolarli immediatamente per evitare la diffusione del problema.

- **Trattamenti biologici**: In alcuni casi, l'uso di antagonisti naturali come il fungo Trichoderma harzianum (per combattere altri funghi patogeni) o l'introduzione di predatori naturali di insetti può essere efficace per contenere le infestazioni senza ricorrere a pesticidi chimici.

- **Risanamento**: Se un'area di coltivazione è gravemente contaminata, potrebbe essere necessario disinfettare completamente l'ambiente, utilizzando disinfettanti specifici per eliminare tutte le spore e i batteri residui.

Affrontare con successo i problemi comuni nella coltivazione dei funghi richiede una combinazione di prevenzione, monitoraggio e intervento tempestivo. La consapevolezza delle malattie, dei parassiti e delle contaminazioni più comuni, unita a pratiche igieniche rigorose e a un controllo attento dell'ambiente di coltivazione, sono fondamentali per garantire una produzione di funghi sana e abbondante.

Capitolo 6: Ricette e Modalità di Preparazione

I funghi sono un ingrediente incredibilmente versatile e apprezzato in cucina per la loro capacità di arricchire una vasta gamma di piatti con sapori intensi, una consistenza carnosa e un caratteristico umami. Dal semplice contorno di funghi trifolati a piatti più elaborati come i funghi ripieni o il risotto ai funghi, le possibilità culinarie sono infinite. In questo capitolo esploreremo alcune ricette di base che mettono in evidenza i funghi, insieme ad abbinamenti e suggerimenti di cucina per esaltare al meglio questo straordinario ingrediente.

1. Ricette Base

Le ricette di base con i funghi si concentrano sulla valorizzazione del loro sapore naturale, usando pochi ingredienti semplici per esaltarne le qualità. Queste ricette sono facili da preparare e sono perfette sia come piatti principali che come contorni.

Funghi trifolati

I **funghi trifolati** sono una delle preparazioni più semplici e classiche per gustare i funghi. Trifolare significa cuocere in padella con aglio, prezzemolo e olio d'oliva, un metodo che mantiene intatta la consistenza carnosa dei funghi e ne esalta il sapore.

Ingredienti:

- 500 g di funghi freschi (champignon, pleurotus o porcini)

- 2 spicchi d'aglio

- 3 cucchiai di olio extravergine di oliva

- Prezzemolo fresco tritato

- Sale e pepe q.b.

- Succo di limone (facoltativo)

Preparazione:

1. **Pulizia dei funghi**: Pulire accuratamente i funghi con un panno umido o un pennello per rimuovere eventuali residui di terra. Evitare di sciacquarli sotto l'acqua corrente, poiché assorbono facilmente acqua e potrebbero perdere consistenza.

2. **Taglio**: Tagliare i funghi a fette sottili, a seconda della varietà scelta. Gli champignon possono essere affettati interi, mentre i porcini e i pleurotus possono essere tagliati in pezzi più grossi per mantenere la loro consistenza.

3. **Cottura**: In una padella capiente, riscaldare l'olio d'oliva e aggiungere gli spicchi d'aglio schiacciati. Far rosolare l'aglio fino a doratura, quindi rimuoverlo per evitare che bruci e dia un sapore amaro.

4. **Aggiungere i funghi**: Aggiungere i funghi alla padella e farli saltare a fuoco medio-alto. Cuocere per circa 8-10 minuti, mescolando di tanto in tanto, fino a quando i

funghi rilasciano la loro acqua e iniziano a dorarsi.

5. **Condimento**: Aggiungere sale, pepe e una spruzzata di succo di limone (se gradito). Togliere dal fuoco e completare con il prezzemolo tritato fresco.

Varianti:

- Si possono aggiungere altre erbe aromatiche come timo o rosmarino per dare una nota più aromatica.

- Per un sapore più intenso, si può aggiungere un goccio di vino bianco durante la cottura.

Abbinamenti:

I funghi trifolati sono perfetti come contorno per carni bianche o rosse, ma anche come condimento per pasta o riso.

Risotto ai funghi

Il **risotto ai funghi** è un piatto tradizionale italiano che unisce la cremosità del riso cotto lentamente con il sapore intenso dei funghi. Questa ricetta è un classico autunnale, soprattutto quando si utilizzano varietà pregiate come i porcini, ma può essere preparata tutto l'anno con champignon o altre varietà.

Ingredienti:

- 320 g di riso Carnaroli o Arborio
- 300 g di funghi freschi (preferibilmente porcini, ma anche champignon o misti vanno bene)
- 1 litro di brodo vegetale caldo
- 1 cipolla piccola
- 2 spicchi d'aglio
- 50 g di burro
- 50 g di parmigiano reggiano grattugiato

- 1 bicchiere di vino bianco secco

- Prezzemolo fresco tritato

- Olio extravergine di oliva

- Sale e pepe q.b.

Preparazione:

1. **Pulizia dei funghi**: Pulire i funghi e tagliarli a fette o a pezzi, a seconda della varietà. Se si utilizzano porcini secchi, reidratarli in acqua calda per circa 30 minuti, quindi scolare e conservare l'acqua di ammollo filtrata per il brodo.

2. **Preparazione del soffritto**: In una casseruola ampia, scaldare un po' di olio d'oliva e metà del burro. Aggiungere la cipolla tritata finemente e l'aglio e farli soffriggere dolcemente fino a quando saranno morbidi e traslucidi.

3. **Aggiungere i funghi**: Unire i funghi alla casseruola e cuocerli a fuoco medio per

circa 5-7 minuti, finché non rilasciano la loro acqua e diventano dorati.

4. **Tostatura del riso**: Aggiungere il riso nella casseruola con i funghi e mescolare per qualche minuto, tostandolo delicatamente fino a quando i chicchi diventano traslucidi.

5. **Sfumare con vino bianco**: Versare il vino bianco e farlo evaporare completamente, mescolando costantemente.

6. **Cottura del risotto**: Aggiungere gradualmente il brodo vegetale caldo, un mestolo alla volta, mescolando continuamente. Continuare ad aggiungere brodo man mano che viene assorbito, fino a quando il riso è cotto al dente (circa 18-20 minuti).

7. **Mantecare**: A cottura ultimata, spegnere il fuoco e mantecare il risotto con il burro rimanente e il parmigiano grattugiato.

Aggiustare di sale e pepe.

8. **Servizio**: Guarnire con prezzemolo tritato fresco e servire immediatamente.

Varianti:

- Si possono aggiungere altri ingredienti come pancetta croccante o salsiccia per arricchire ulteriormente il piatto.

- Per un sapore più intenso, utilizzare un mix di funghi freschi e secchi.

Abbinamenti:

Il risotto ai funghi si abbina perfettamente con vini bianchi secchi e aromatici, come il Sauvignon Blanc o il Pinot Grigio, ma anche con rossi leggeri come il Nebbiolo.

Funghi ripieni

I **funghi ripieni** sono un piatto versatile e sfizioso, ideale come antipasto, contorno o anche piatto principale. I funghi champignon o portobello sono le varietà più comuni utilizzate per questa preparazione, grazie alle loro dimensioni e alla loro capacità di contenere il ripieno.

Ingredienti:

- 12 funghi champignon grandi o 4 funghi portobello

- 100 g di pangrattato

- 50 g di parmigiano reggiano grattugiato

- 1 spicchio d'aglio

- Prezzemolo fresco tritato

- 100 g di prosciutto cotto o pancetta (facoltativo)

- 100 g di formaggio a pasta molle (mozzarella o scamorza)

- Olio extravergine di oliva

- Sale e pepe q.b.

Preparazione:

1. **Pulizia dei funghi**: Rimuovere i gambi dei funghi e svuotare leggermente la parte interna con un cucchiaino, facendo attenzione a non rompere le cappelle. Tritare i gambi e tenerli da parte.

2. **Preparazione del ripieno**: In una padella, scaldare un po' di olio d'oliva e far rosolare l'aglio tritato finemente. Aggiungere i gambi dei funghi tritati e cuocerli per 5 minuti. In una ciotola, mescolare i gambi cotti con il pangrattato, il parmigiano, il prezzemolo, il prosciutto (se utilizzato) e il formaggio tagliato a piccoli cubetti.

3. **Riempire i funghi**: Riempire le cappelle dei funghi con il composto preparato, pressando leggermente per compattare il ripieno.

4. **Cottura**: Disporre i funghi ripieni su una teglia rivestita di carta da forno, condire con un filo d'olio e cuocere in forno preriscaldato a 180°C per circa 20-25 minuti, fino a quando i funghi sono cotti e il ripieno è dorato e croccante.

5. **Servizio**: Servire i funghi ripieni caldi, guarniti con un po' di prezzemolo fresco.

Varianti:

- Si possono utilizzare diversi tipi di formaggio nel ripieno, come gorgonzola o taleggio, per un gusto più deciso.

- Per una versione vegetariana, omettere il prosciutto e aggiungere verdure come spinaci o zucchine.

Abbinamenti:

I funghi ripieni si sposano bene con

un'insalata fresca e croccante o con contorni di verdure grigliate. Un vino rosso giovane e fruttato come un Chianti o un Barbera è l'abbinamento ideale.

2. Abbinamenti e Suggerimenti di Cucina

I funghi, grazie alla loro versatilità, si abbinano splendidamente a una vasta gamma di ingredienti. Sia che vengano utilizzati come ingrediente principale o come complemento, possono arricchire i piatti con profondità e complessità di sapore. Ecco alcuni suggerimenti per esaltare al meglio i funghi in cucina.

Abbinamenti con Carne e Pesce

- **Carni bianche**: I funghi si sposano perfettamente con carni bianche come pollo e tacchino. Funghi trifolati o in salsa possono essere utilizzati come condimento per piatti di carne, aggiungendo umidità e sapore.

- **Carni rosse**: Il sapore robusto dei funghi, in particolare porcini e portobello, si abbina bene anche alle carni rosse. Un filetto di manzo con una salsa ai funghi è un classico esempio di questo abbinamento.

- **Pesce**: Anche se meno comune, i funghi possono essere abbinati a pesce e crostacei. Ad esempio, funghi porcini e gamberi possono creare un contrasto interessante in un risotto o in una pasta.

Abbinamenti con Formaggi

- **Formaggi morbidi**: Mozzarella, scamorza o burrata si abbinano bene ai funghi, soprattutto in piatti come pizza, focacce o torte salate. La dolcezza e la cremosità di questi formaggi contrastano con il sapore terroso dei funghi.

- **Formaggi stagionati**: Parmigiano, pecorino o grana padano sono perfetti per essere grattugiati su piatti a base di funghi, come il risotto o la pasta, aggiungendo una nota saporita e salata.

- **Formaggi erborinati**: Gorgonzola o roquefort si abbinano bene ai funghi in piatti più sofisticati, come tartine o funghi ripieni, creando un contrasto tra la dolcezza dei funghi e il gusto deciso dei formaggi erborinati.

Abbinamenti con Vino

Il vino gioca un ruolo importante nell'esaltare i piatti a base di funghi. Gli abbinamenti di vino possono variare a seconda del tipo di fungo e del piatto preparato.

- **Vini bianchi**: Per piatti delicati come i funghi trifolati o il risotto ai funghi, un vino bianco secco e aromatico, come un Sauvignon Blanc, è una scelta eccellente.

- **Vini rossi leggeri**: I vini rossi giovani e leggeri, come il Pinot Nero o il Chianti, si abbinano bene con piatti a base di funghi più ricchi, come funghi ripieni o portobello grigliati.

- **Vini rossi corposi**: Per piatti più robusti, come carni rosse con salsa ai funghi o risotti con funghi porcini, un vino rosso corposo come un Barolo o un Amarone è l'abbinamento ideale.

Suggerimenti di cucina

- **Conservazione dei funghi**: I funghi freschi devono essere conservati in un sacchetto di carta nel frigorifero, dove possono durare fino a una settimana. Evitare di conservarli in plastica, poiché trattengono l'umidità e possono far marcire i funghi più rapidamente.

- **Pulizia**: Evitare di immergere i funghi in acqua, poiché la loro struttura spugnosa li fa assorbire facilmente. Utilizzare invece un panno umido o un pennello per pulirli delicatamente.

I funghi sono un ingrediente prezioso e versatile, capace di arricchire qualsiasi cucina con il loro sapore unico. Le ricette presentate in questo capitolo offrono solo un assaggio delle infinite possibilità culinarie dei funghi, dai piatti semplici e veloci a quelli più complessi e ricchi di sapore. Sperimentare con diverse varietà di funghi e abbinamenti può portare alla scoperta di nuovi sapori e combinazioni che soddisfano il palato e arricchiscono l'esperienza culinaria.

Capitolo 7: Aspetti Legali e Normativi

La coltivazione dei funghi, pur essendo un'attività agricola affascinante e potenzialmente redditizia, deve essere condotta nel rispetto delle normative vigenti e delle migliori pratiche in materia di sicurezza alimentare e sostenibilità. In questo capitolo esploreremo in dettaglio le normative che regolano la coltivazione dei funghi, le considerazioni relative alla sicurezza alimentare, le prospettive future per l'industria dei funghi e l'importanza della sostenibilità in questo settore.

1. Normative sulla Coltivazione dei Funghi

La coltivazione dei funghi è un'attività agricola regolamentata da leggi e normative che variano da paese a paese. In Europa e in Italia, ad esempio, esistono direttive specifiche che regolano la produzione, la distribuzione e la commercializzazione dei funghi. È essenziale per i coltivatori essere a conoscenza di tali leggi e rispettare gli standard stabiliti dalle autorità competenti.

Normative Europee

A livello europeo, la coltivazione dei funghi è soggetta a normative agricole generali e specifiche direttive comunitarie. Le normative più rilevanti includono:

- **Regolamento CE n. 834/2007**: Regola la produzione biologica, inclusa la coltivazione di funghi. Stabilisce i criteri per l'uso di substrati biologici, fertilizzanti naturali e la gestione della produzione in un modo che rispetti l'ambiente.

- **Regolamento CE n. 852/2004**: Questo regolamento disciplina l'igiene dei prodotti alimentari, inclusi i funghi. Impone che i produttori rispettino rigorosi standard igienici in tutte le fasi della produzione, dalla coltivazione alla raccolta e alla distribuzione.

Normative Italiane

In Italia, oltre alle normative europee, esistono regolamenti specifici nazionali e regionali che riguardano la produzione e la commercializzazione dei funghi. Alcune delle principali normative includono:

- **Decreto Legislativo 18 aprile 2001, n. 228**: Questo decreto regola l'orientamento e la modernizzazione del settore agricolo in Italia. Include disposizioni sulla coltivazione dei funghi, il controllo sanitario e la commercializzazione dei prodotti agricoli.

- **Regolamento CE n. 396/2005**: Regola i limiti massimi di residui di fitofarmaci nei funghi coltivati, garantendo che i prodotti commercializzati siano sicuri per il consumo umano.

- **Normative regionali**: Molte regioni italiane hanno leggi specifiche che regolano la raccolta e la coltivazione dei funghi spontanei, come il Tuber Magnatum (tartufo) e altre specie. Queste leggi sono particolarmente importanti per i raccoglitori di funghi selvatici, ma i coltivatori devono ugualmente rispettare determinati criteri.

Licenze e Permessi

Per avviare un'attività di coltivazione dei funghi, possono essere necessari permessi specifici, come:

- **Iscrizione nel registro delle imprese agricole**: In Italia, è necessario iscriversi al Registro delle Imprese Agricole presso la Camera di Commercio.

- **Permesso fitosanitario**: Se si utilizzano substrati o materiali vegetali che possono essere soggetti a malattie o infestazioni, può essere richiesto un certificato fitosanitario rilasciato dall'autorità competente.

- **Certificazione biologica**: Se il coltivatore intende produrre funghi biologici, deve richiedere la certificazione biologica da un ente accreditato. Questo processo include ispezioni regolari e il rispetto di standard rigorosi relativi all'uso di fertilizzanti e pesticidi.

2. Sicurezza Alimentare

La sicurezza alimentare è una priorità assoluta nella coltivazione dei funghi. Essendo un prodotto altamente deperibile e soggetto a contaminazioni, è fondamentale che i coltivatori adottino misure preventive per garantire che i funghi prodotti siano sicuri per il consumo.

Igiene e Sanificazione

La pulizia e la sanificazione degli spazi di coltivazione e delle attrezzature sono aspetti cruciali per evitare contaminazioni microbiche. Le principali fonti di contaminazione nella coltivazione dei funghi includono:

- **Muffe**: Le muffe possono crescere sui substrati umidi e competere con il micelio, rovinando l'intero raccolto. È importante mantenere l'ambiente pulito e asciutto, con una buona ventilazione.

- **Batteri**: Alcuni batteri possono svilupparsi nei substrati se non adeguatamente sterilizzati. La pastorizzazione del substrato prima dell'inoculazione del micelio è un passaggio fondamentale per prevenire la crescita batterica.

- **Spore patogene**: Alcune specie di funghi non commestibili possono contaminare il substrato e sviluppare spore pericolose per la salute umana. La sterilizzazione e la protezione dall'aria contaminata sono fondamentali.

Controllo della Qualità

Il controllo della qualità è un altro aspetto critico per garantire la sicurezza alimentare. Questo include:

- **Monitoraggio del processo di produzione**: È necessario un controllo rigoroso di ogni fase del processo produttivo, dalla preparazione del substrato alla raccolta. Registrare le temperature, l'umidità e altre condizioni ambientali aiuta a mantenere la qualità del prodotto.

- **Test microbiologici**: Effettuare test microbiologici regolari per verificare la presenza di agenti patogeni o contaminanti nel prodotto finito è una pratica consigliata, soprattutto per i coltivatori che vendono su larga scala.

- **Etichettatura corretta**: I funghi devono essere etichettati correttamente, includendo informazioni come la specie, il luogo di coltivazione e la data di raccolta. Questo è particolarmente importante per prevenire eventuali confusione con specie tossiche.

Rischi Legati ai Funghi Velenosi

Un altro aspetto critico della sicurezza alimentare riguarda il rischio di confusione tra funghi commestibili e specie velenose. Sebbene la coltivazione sia generalmente priva di questo rischio, i funghi selvatici possono talvolta contaminare le colture. Per questo motivo, i coltivatori devono essere in grado di identificare accuratamente le specie e prevenire la contaminazione da parte di funghi velenosi come l'Amanita phalloides, uno dei funghi più pericolosi.

3. Futuro della Coltivazione dei Funghi

Il futuro della coltivazione dei funghi sembra particolarmente promettente, grazie alla crescente domanda di alimenti salutari, sostenibili e ricchi di proteine vegetali. I funghi offrono numerosi vantaggi in termini di valore nutrizionale, basso impatto ambientale e versatilità culinaria. Di seguito esploreremo alcune delle principali tendenze e innovazioni che stanno trasformando il settore.

Crescente Domanda di Funghi Biologici

Con l'aumento della consapevolezza dei consumatori sui benefici degli alimenti biologici, la domanda di funghi coltivati secondo metodi ecologici è in costante crescita. I funghi biologici, prodotti senza l'uso di pesticidi chimici e con substrati provenienti da agricoltura sostenibile, rispondono alla domanda di alimenti più sani e sostenibili.

Innovazioni Tecnologiche

Le innovazioni tecnologiche stanno migliorando notevolmente l'efficienza della coltivazione dei funghi. Alcune delle tecnologie più interessanti includono:

- **Automazione dei processi di coltivazione**: I sistemi di controllo automatico della temperatura, dell'umidità e della luce permettono ai coltivatori di mantenere condizioni ideali in modo costante, riducendo il rischio di errori umani e migliorando la qualità del prodotto.

- **Sistemi di coltivazione verticali**: I sistemi di coltivazione indoor verticali stanno diventando sempre più popolari, soprattutto nelle aree urbane dove lo spazio è limitato. Questi sistemi permettono di massimizzare la produzione utilizzando spazi ridotti e controllando meglio le condizioni ambientali.

- **Ricerca genetica**: La ricerca nel campo della genetica dei funghi sta portando allo sviluppo di nuove varietà di funghi con caratteristiche migliorate, come una maggiore resistenza alle malattie, una crescita più rapida o un profilo nutrizionale ottimizzato.

Funghi come Fonte di Proteine Alternative

Con l'aumento della domanda di proteine alternative, i funghi stanno emergendo come una delle fonti più promettenti. I funghi contengono proteine di alta qualità e possono essere utilizzati per produrre alimenti come carne vegetale o altre alternative a base vegetale. Alcune aziende stanno già sviluppando prodotti a base di funghi che imitano la carne, con un'attenzione particolare ai benefici per la salute e all'impatto ambientale ridotto rispetto alla carne animale.

4. Sostenibilità nella Coltivazione dei Funghi

La coltivazione dei funghi è considerata una delle pratiche agricole più sostenibili, grazie al suo basso impatto ambientale e alla capacità di utilizzare materiali di sc

arto come substrato. Tuttavia, ci sono sempre opportunità per migliorare ulteriormente la sostenibilità di questa pratica.

Uso di Substrati di Scarto

Una delle caratteristiche più sostenibili della coltivazione dei funghi è l'uso di materiali di scarto come substrato di coltivazione. Paglia, trucioli di legno, scarti agricoli e persino residui di caffè possono essere utilizzati per coltivare funghi, riducendo così la necessità di smaltire questi materiali e offrendo una seconda vita a rifiuti agricoli o industriali.

Riduzione dell'Impronta di Carbonio

La coltivazione dei funghi richiede generalmente meno risorse rispetto ad altre forme di agricoltura. Ad esempio, i funghi possono essere coltivati in ambienti controllati con un consumo ridotto di acqua e energia, specialmente se vengono utilizzati sistemi di coltivazione verticali. Questo riduce l'impronta di carbonio dell'intero processo produttivo.

Coltivazione Indoor Sostenibile

Le tecniche di coltivazione indoor stanno diventando sempre più comuni, specialmente nelle aree urbane. Queste tecniche permettono di controllare meglio le condizioni di crescita e di ridurre al minimo l'uso di risorse naturali. Inoltre, la coltivazione indoor permette di ridurre i costi di trasporto e distribuzione, contribuendo a una filiera più sostenibile e a km zero.

Certificazioni di Sostenibilità

Oltre alla certificazione biologica, i coltivatori possono ottenere certificazioni di sostenibilità che attestano le pratiche agricole ecologiche e il basso impatto ambientale della loro produzione. Queste certificazioni, come il marchio Fair Trade o Rainforest Alliance, possono aumentare il valore dei funghi sul mercato, soprattutto tra i consumatori sensibili alle tematiche ambientali.

Conclusione

La coltivazione dei funghi è un settore in rapida crescita, che richiede il rispetto di normative rigorose e l'adozione di pratiche sostenibili per garantire un prodotto sicuro e di alta qualità. Il futuro della coltivazione dei funghi è particolarmente promettente, con nuove tecnologie e un crescente interesse per le proteine vegetali che aprono nuove opportunità per i coltivatori. Inoltre, la coltivazione dei funghi si distingue come una delle pratiche agricole più sostenibili, grazie alla capacità di utilizzare materiali di scarto e al ridotto impatto ambientale. Sia che si tratti di piccoli coltivatori che producono per il consumo personale, sia che si tratti di grandi aziende agricole, la coltivazione dei funghi rappresenta una parte importante del futuro dell'agricoltura.

Glossario dei Termini Micologici

Di seguito è riportato un glossario con i termini più comuni e importanti utilizzati in micologia, utile per comprendere meglio il mondo dei funghi e la loro coltivazione.

A

Agarico: Termine generico per indicare funghi con cappello e lamelle sotto di esso, come i funghi del genere Agaricus (es. champignon).

Amanita: Genere di funghi che include molte specie tossiche, come l'Amanita muscaria (fungo rosso con punti bianchi) e l'Amanita phalloides (il fungo della morte).

Anello: Residuo del velo parziale, che forma un cerchio attorno al gambo dei funghi, visibile in molte specie, come i champignon.

Ascomiceti: Classe di funghi che producono spore all'interno di un sacco (asco), comprendente funghi come i tartufi e le morchelle.

B

Basidiomiceti: Una delle due principali classi di funghi (l'altra è Ascomiceti), caratterizzati dalla produzione di spore su strutture chiamate basidi. La maggior parte dei funghi commestibili, come champignon e porcini, appartiene a questa classe.

Basidio: Struttura a forma di clava su cui vengono prodotte le spore nei Basidiomiceti.

Boletus: Genere di funghi noto per la presenza dei porcini, uno dei funghi commestibili più pregiati.

C

Cappello: Parte superiore del fungo che protegge le lamelle o i pori sottostanti, da cui vengono rilasciate le spore.

Carpoforo: Corpo fruttifero del fungo, cioè la parte visibile che produce le spore. Spesso chiamato "fungo" in senso comune.

Colonizzazione: Processo mediante il quale il micelio (la parte vegetativa del fungo) invade e utilizza un substrato, diffondendosi attraverso di esso.

D

Decorrente: Descrizione delle lamelle di un fungo che si estendono lungo il gambo, come nel caso dei funghi del genere Pleurotus.

Determinazione: Processo di identificazione di un fungo attraverso caratteristiche morfologiche e altre osservazioni.

F

Filo-micelio: Parte vegetativa del fungo, costituita da filamenti sottili (ife) che si diffondono nel substrato e assorbono nutrienti.

Funghi micorrizici: Funghi che formano simbiosi con le radici delle piante, fornendo loro sostanze nutritive in cambio di carboidrati. Esempi includono porcini e tartufi.

Funghi saprofiti: Funghi che vivono decomponendo materia organica morta, come i Pleurotus (funghi ostrica).

G

Gambo: Parte del fungo che sostiene il cappello. Può essere centrale, eccentrico o addirittura assente in alcune specie.

Generazione sporale: Fase del ciclo vitale del fungo in cui vengono prodotte spore che possono germinare in nuovi miceli.

Guaina: Residuo del velo generale che circonda la base del gambo in alcune specie, come nel genere Amanita.

L

Lamelle: Strutture a forma di lamina presenti sotto il cappello di molti funghi, da cui vengono rilasciate le spore. Sono tipiche di funghi come champignon e amanite.

Lattice: Liquido che fuoriesce da alcuni funghi quando vengono tagliati o feriti, caratteristico dei funghi del genere Lactarius.

M

Micelio: Parte vegetativa del fungo costituita da un intreccio di ife. È la struttura attraverso cui il fungo assorbe nutrienti dal substrato.

Micologia: Studio dei funghi, comprendente la loro classificazione, ecologia, biologia e coltivazione.

Micorriza: Associazione simbiotica tra un fungo e una pianta, in cui il fungo aiuta la pianta ad assorbire nutrienti dal suolo.

P

Pileo: Sinonimo di "cappello", la parte superiore e più visibile del fungo.

Pleurotoide: Termine che descrive i funghi con cappello a forma di conchiglia e con lamelle decorrenti, come i funghi ostrica

(Pleurotus).

Pori: Piccole aperture presenti sotto il cappello di alcuni funghi, come i porcini, attraverso cui vengono rilasciate le spore.

S

Saprofita: Funghi che si nutrono di materia organica morta o in decomposizione, come i Pleurotus e i champignon.

Scleroto: Struttura resistente formata dal micelio, che consente al fungo di sopravvivere in condizioni avverse e di fruttificare successivamente.

Spore: Unità riproduttive microscopiche dei funghi, prodotte nei basidi o negli aschi. Le spore, una volta rilasciate, possono germinare e dare origine a nuovi miceli.

T

Tessuto imeniale: Strato in cui si formano le spore nei funghi, situato nelle lamelle, nei pori o sulla superficie liscia del fungo.

Tossicologia: Studio delle tossine presenti in alcuni funghi e dei loro effetti sull'organismo umano o animale.

Trama: Tessuto che forma il corpo fruttifero

del fungo.

Tabelle di Riferimento per i Funghi Commestibili e Tossici

Funghi Commestibili

Nome Scientifico Nome Comune Caratteristiche Distintive Usi Culinari

Agaricus bisporus Champignon Cappello bianco o marrone, lamelle rosa che scuriscono. Crudo in insalata, cotto in zuppe, salse.

Boletus edulis Porcino Cappello marrone, pori bianchi/crema, gambo robusto. Risotti, sughi, funghi secchi.

Pleurotus ostreatus Funghi ostrica Cappello a forma di ostrica, lamelle decorrenti. Grigliati, saltati, in padella.

Lentinula edodes Shiitake Cappello scuro, lamelle chiare, aroma intenso. Zuppe, piatti asiatici, stufati.

Cantharellus cibarius Finferlo (Galletto) Cappello giallo/arancione, forma a imbuto, lamelle irregolari. Frittate, risotti, in padella.

Tuber magnatum Tartufo bianco Corpo sotterraneo irregolare, forte aroma.

Grattugiato su pasta, uova, risotti.

Funghi Tossici

Nome Scientifico Nome Comune Caratteristiche Distintive Tossine Effetti

Amanita phalloides Tignosa verdognola Cappello verdastro, lamelle bianche, gambo con anello e volva. Amatossine Letale, causa insufficienza epatica.

Amanita muscaria Fungo dell'amanita Cappello rosso con punti bianchi, gambo bianco. Muscimolo, acido ibotenico Effetti psicotropi, allucinazioni.

Galerina marginata Galerina marginata Cappello marrone, lamelle giallastre, habitat legnoso. Amatossine Letale, simile all'Amanita phalloides.

Gyromitra esculenta Falsa spugnola Cappello a forma di cervello, marrone scuro. Gyromitrina Tossica, danneggia il fegato e il sistema nervoso.

Cortinarius rubellus Cortinario rosso Cappello marrone rossiccio, lamelle giallastre. Orellanina Insufficienza renale.

Inocybe erubescens Inocybe tossico Cappello conico, lamelle bianche, odore di sperma.

Muscarina Nausea, vomito, diarrea, sudorazione.

Questa tabella e glossario offrono una base per comprendere i funghi più comuni e pericolosi, fondamentali per chi vuole esplorare il mondo della micologia in modo sicuro e consapevole.

Indice

1. Introduzione pg.4

Capitolo 1: Fondamenti della Micologia pg.12

Capitolo 2: Preparazione e Pianificazione pg.15

Capitolo 3: Coltivazione dei Funghi pg.33

Capitolo 4: Raccolta e Conservazione pg.50

Capitolo 5: Problemi Comuni nella Coltivazione di Funghi pg.64

Capitolo 6: Ricette e Modalità di Preparazione pg.79

Capitolo 7: Aspetti Legali e Normativi pg.95

Glossario dei Termini Micologici pg.110

www.ingramcontent.com/pod-product-compliance
Lightning Source LLC
Chambersburg PA
CBHW071058240526
45471CB00016B/2150